Vinoth P.

Conceção e análise de aparelhos de extração e filtragem de fumos de soldadura

Vinoth P.

Conceção e análise de aparelhos de extração e filtragem de fumos de soldadura

Imprint

Any brand names and product names mentioned in this book are subject to trademark, brand or patent protection and are trademarks or registered trademarks of their respective holders. The use of brand names, product names, common names, trade names, product descriptions etc. even without a particular marking in this work is in no way to be construed to mean that such names may be regarded as unrestricted in respect of trademark and brand protection legislation and could thus be used by anyone.

Cover image: www.ingimage.com

This book is a translation from the original published under ISBN 978-3-330-35161-5.

Publisher:
Sciencia Scripts
is a trademark of
Dodo Books Indian Ocean Ltd. and OmniScriptum S.R.L publishing group

120 High Road, East Finchley, London, N2 9ED, United Kingdom
Str. Armeneasca 28/1, office 1, Chisinau MD-2012, Republic of Moldova, Europe
Printed at: see last page
ISBN: 978-620-7-61822-4

RECONHECIMENTO

Agradecemos a **Deus Todo-Poderoso que**, sem as Suas bênçãos, não nos teria sido possível concluir o meu projeto.

Neste momento agradável em que concluímos com êxito o nosso projeto, queremos transmitir os nossos sinceros agradecimentos e gratidão à direção da nossa faculdade e ao nosso querido presidente, **Dr. K. RAMAKRISHNAN, B.E.,** que nos proporcionou todas as facilidades.

Gostaríamos de agradecer ao nosso Diretor Executivo, **Dr. S. KUPPUSAMY.Ph.D,** por nos ter ajudado a realizar o nosso projeto e por nos ter dado uma duração adequada para a sua conclusão.

Estamos igualmente gratos ao nosso Diretor, **Dr. D. SRINIVASAN, Ph.D.,** pelas sugestões construtivas e pelo encorajamento durante o nosso projeto.

K. CHELLAMUTHU, Diretor do Departamento de Engenharia Mecânica, por ter proporcionado todas as facilidades necessárias para a realização deste projeto.

Reconhecemos, de todo o coração e sinceramente, o nosso profundo sentimento de gratidão e endividamento para com o amado guia, **Sr. H. RAMAKRISHNAN,** Professor Assistente **M.E.,** Departamento de Engenharia Mecânica, pela sua orientação especializada e encorajamento durante toda a duração do projeto.

Estendemos a nossa gratidão a todos os membros do pessoal do Departamento de Engenharia Mecânica pela sua amável ajuda e valioso apoio para concluir o projeto com sucesso.

Gostaríamos de agradecer aos nossos pais e amigos que sempre foram uma fonte constante de apoio ao nosso projeto.

CAPÍTULO 1
INTRODUÇÃO

A soldadura é um processo de fabrico ou de escultura que une materiais, normalmente metais ou termoplásticos, provocando a fusão, o que é diferente das técnicas de união de metais a temperaturas mais baixas, como a brasagem e a soldadura, que não fundem o metal de base. Para além de fundir o metal de base, é frequentemente adicionado um material de enchimento à junta para formar uma poça de material fundido (a poça de fusão) que arrefece para formar uma junta que pode ser tão ou mais forte do que o material de base. A pressão também pode ser utilizada em conjunto com o calor, ou por si só, para produzir uma soldadura.

Os soldadores estão frequentemente expostos a gases e partículas perigosas. Processos como a soldadura por arco com fio fluxado e a soldadura por arco metálico blindado produzem fumos que contêm partículas de vários tipos de óxidos. O tamanho das partículas em questão tende a influenciar a toxicidade dos fumos, sendo que as partículas mais pequenas representam um maior perigo. Isto deve-se ao facto de as partículas mais pequenas terem a capacidade de atravessar a barreira hemato-encefálica. Os fumos e gases, como o dióxido de carbono, o ozono e os fumos que contêm metais pesados, podem ser perigosos para os soldadores que não dispõem de ventilação e formação adequadas. A exposição a fumos de soldadura de manganês, por exemplo, mesmo a níveis baixos ($<0,2$ mg/m^3), pode provocar problemas neurológicos ou danos nos pulmões, fígado, rins ou sistema nervoso central. As nano partículas podem ficar presas nos macrófagos alveolares dos pulmões e induzir fibrose pulmonar. A utilização de gases comprimidos e de chamas em muitos processos de soldadura representa um risco de explosão e de incêndio. Algumas precauções comuns incluem limitar a quantidade de oxigénio no ar e manter os materiais combustíveis afastados do local de trabalho.

CAPÍTULO 2
TIPOS DE SOLDADURA

2.1 SOLDAGEM A ARCO

A soldadura por arco envolve a utilização de uma fonte de alimentação e de eléctrodos para formar um arco de soldadura entre o elétrodo e o material a soldar (normalmente metal), de modo a fundir os materiais, permitindo que arrefeçam e se fundam. Este método é provavelmente o tipo mais popular de processo de soldadura, uma vez que inclui muitos dos tipos mais populares de soldadura, como a soldadura MIG, TIG e Stick. A soldadura por arco divide-se em métodos de eléctrodos consumíveis e não consumíveis.

2.2 SOLDADURA POR ARCO COM METAL BLINDADO

Embora hoje em dia seja considerada arcaica, especialmente quando comparada com a TIG e a MIG, a soldadura por arco metálico protegido, ou soldadura com vareta, é uma técnica de soldadura manual que se baseia num elétrodo consumível revestido de fluxo que é depois utilizado para colocar a solda. Este processo é designado por soldadura por vareta porque utiliza varetas ou varetas de soldadura que são constituídas por material de enchimento e fluxo, o fluxo é utilizado para proteger o metal fundido da soldadura e o material de enchimento é depois utilizado para unir duas peças de metal.

A soldadura por vareta oferece uma solução de soldadura muito económica que requer um equipamento mínimo. No entanto, a qualidade da soldadura final nem sempre é a melhor, uma vez que pode sofrer de porosidade, penetração superficial, fissuração e é altamente vulnerável a condições climatéricas adversas, sendo geralmente menos durável. Apesar do facto de a soldadura por varão ser uma técnica muito antiga, continua a ser bastante popular, especialmente nos países do terceiro mundo, onde o equipamento caro ou novo não está geralmente disponível. Algumas das áreas que ainda dependem da soldadura por varão incluem a refrigeração, a canalização, a indústria automóvel e a construção.

2.3 SOLDAGEM MIG

A soldadura MIG é a segunda técnica de soldadura mais popular utilizada atualmente. MIG significa Metal Inert Gas Welding e resume-se ao conceito de combinar duas peças de metal com um fio que está ligado a uma corrente de elétrodo. O fio passa então através da vareta de soldadura que é protegida por um gás inerte.

Algumas das vantagens que a soldadura MIG oferece em relação às outras técnicas de soldadura incluem a facilidade de utilização e o menor grau de precisão que é exigido pelo operador para obter soldaduras decentes. No entanto, a soldadura MIG acaba por ser um pouco mais sensível a factores externos como o vento, a chuva e o pó e, geralmente, o operador tem de ajustar mais definições como a tensão e a velocidade do fio. Os dois problemas de qualidade mais comuns associados à soldadura com gás inerte metálico são a escória e a porosidade. Se estes não forem tratados corretamente, as soldaduras podem acabar por ser estruturalmente mais fracas do que as suas contrapartes TIG.

A MIG acaba por ser muito mais fácil de dominar para os operadores, uma vez que é bastante simples porque o elétrodo é alimentado automaticamente através da tocha. Ao contrário da soldadura TIG, em que são utilizadas as duas mãos, na MIG o operador guia a pistola de soldadura pela área a soldar.

A soldadura MIG é mais comummente utilizada na reparação automóvel, uma vez que é capaz de proporcionar uma soldadura forte e robusta que, quando feita corretamente, é capaz de suportar grandes forças, proporcionando o nível de versatilidade e resistência necessário para tais aplicações. A soldadura MIG também é comummente utilizada na canalização, construção, robótica e indústria marítima e é geralmente considerada uma melhoria em relação às técnicas mais arcaicas.

2.4 SOLDADURA POR ARCO COM NÚCLEO FLUXADO

A soldadura por arco com fio fluxado é bastante semelhante à MIG, exceto pelo facto de utilizar um fio tubular especial cheio de fluxo e de o gás de proteção nem sempre ser necessário, dependendo do material de enchimento. A soldadura FCAW destaca-se por ser extremamente barata e fácil de aprender, embora existam várias limitações nas suas aplicações e os resultados não sejam muitas vezes tão esteticamente agradáveis como alguns dos outros tipos de métodos de soldadura.

Algumas das vantagens que oferece em relação a outras técnicas incluem a versatilidade, devido à grande quantidade de cargas que podem ser utilizadas, a

adequação para soldadura ao ar livre e em condições de vento, uma vez que não é

necessário gás de proteção com o tipo certo de carga, e o facto de ser uma técnica muito

rápida que tende a ser muito indulgente para operadores inexperientes.

2.5 SOLDADURA POR ARCO SUBMERSO (SERRA)

Utilizado principalmente em aço ferroso e ligas à base de níquel, o arco
submerso

A soldadura é uma técnica de soldadura por arco bastante comum devido às suas
emissões mínimas de fumos de soldadura e luzes de arco, tornando-a mais segura do
que a maioria dos processos de soldadura. A SAW resulta numa penetração profunda
da soldadura e envolve uma preparação mínima, tornando-a uma forma de soldadura
rápida e eficiente.

Patenteada em 1935 por Jones, Kennedy e Rothermund, a soldadura por arco

submerso envolve a soldadura sob um manto de fluxo fusível granular constituído por

sílica, fluoreto de cálcio, cal, óxido de manganês e outros compostos. À medida que o

calor se acumula, o fluxo torna-se condutor e proporciona um caminho entre o elétrodo

e o material de soldadura. Uma vez que todo o processo decorre sob o fluxo, o soldador

está protegido da radiação ultravioleta e infravermelha, que são uma parte natural do

processo SMAW.

2.6 GÁS INERTE DE TUNGSTÉNIO (TIG)

A soldadura TIG **significa Tungsten Inert Gas (gás inerte de tungsténio) e é uma**

técnica conhecida por utilizar um elétrodo de tungsténio não consumível juntamente

com um gás inerte. O tungsténio é um elemento raro e duro que oferece uma soldadura de elevada pureza e qualidade. Na soldadura TIG, o calor é criado pela passagem de uma corrente eléctrica através de um elétrodo de tungsténio, criando um arco que é depois utilizado para derreter um fio metálico de modo a criar a poça de fusão.

A soldadura TIG é a técnica de soldadura mais popular utilizada atualmente porque oferece um elevado grau de pureza, uma soldadura limpa e pode ser utilizada em muitas aplicações industriais, residenciais e comerciais. A TIG é mais comummente utilizada para soldar aço inoxidável, embora outros metais como o magnésio, o alumínio, o cobre e o níquel possam ser soldados com TIG.

A soldadura TIG é muito popular nas indústrias que trabalham com metais não ferrosos e é normalmente utilizada no fabrico de veículos, tubos, bicicletas, bem como na manutenção e reparação de ferramentas e matrizes feitas de alumínio, magnésio e aço inoxidável e é a técnica preferida pelos engenheiros que exigem um elevado grau de precisão nas suas soldaduras, uma vez que oferece um maior controlo sobre a área de soldadura do que outros processos de soldadura, embora a qualidade final da soldadura seja afetada por factores como a limpeza, a competência do operador, a qualidade dos materiais utilizados e outros factores externos, como a ferrugem ou a areia.

CAPÍTULO 3
EFEITOS DOS FUMOS DE SOLDADURA

Fumos de soldadura nocivos, ruídos altos, calor intenso, luz ofuscante tornaram-se uma parte indesejável do seu dia de trabalho. A dimensão do problema depende do tipo de soldadura que se faz e das precauções que se tomam. O conteúdo das varetas de soldadura, dos revestimentos, dos metais de adição e dos materiais de base também tem um grande impacto na sua saúde.

3.1 MANGANÊS NOS FUMOS DE SOLDADURA

O seu maior risco no trabalho é a exposição ao manganês contido nos fumos libertados durante a soldadura. A inalação de manganês pode causar danos muito graves no cérebro e no sistema nervoso.

Muitos trabalhadores que estão expostos a fumos de soldadura sofrem da doença **de Parkinson**, uma doença grave que afecta o movimento e o equilíbrio. É frequente desenvolverem **"manganismo", uma doença intimamente relacionada com a doença de Parkinson, que também dificulta a marcha e os movimentos correctos. Tanto o manganismo como a doença de Parkinson provocam** tremores, abalos e perda de controlo muscular.

Estas condições podem tornar-se mais graves com o passar do tempo. Embora a lei restrinja a exposição ao manganês nos fumos de soldadura, os seus limites podem não ser suficientes para o proteger.

3.2 OUTROS METAIS NOCIVOS NOS FUMOS DE SOLDADURA

Quando a vareta de soldadura ou o metal de base é ferro ou aço macio, os fumos de soldadura podem conter óxido de ferro, para além de manganês. Respirar o óxido de ferro irrita as passagens nasais, a garganta e os pulmões.

Trabalhar com aço inoxidável pode produzir fumos de soldadura que contêm níquel e crómio. Se sofre de asma, a exposição ao níquel pode agravar a sua doença. O crómio pode agravar ou causar problemas de sinusite. Tanto o níquel como o crómio podem causar cancro.

3.3 REVESTIMENTOS PERIGOSOS

A soldadura em alguns metais revestidos ou pintados pode ser especialmente perigosa (Welding Fumes Sampling, Mine Safety and Health Administration). O cádmio é frequentemente utilizado como revestimento do aço para evitar a ferrugem. No entanto, o cádmio presente nos fumos de soldadura provoca uma doença pulmonar, enfisema, bem como insuficiência renal (Cadmium Exposure from Welding, American Welding Society; Welding Health Hazards, OSHA).

Se cortar um metal que tenha sido revestido com tinta que contenha chumbo, este pode libertar fumos de soldadura que contêm óxido de chumbo. A inalação destes fumos de soldadura pode causar envenenamento por chumbo, uma condição em que se fica fraco e se desenvolve anemia (uma baixa contagem de glóbulos vermelhos). O chumbo também afecta o sistema nervoso, os rins e o sistema reprodutivo (Lead,

ATSDR).

Algumas varas de soldadura são revestidas de amianto. Se inalar o pó de amianto libertado no ar, corre o risco de desenvolver doenças graves relacionadas com o amianto. Estas incluem o cancro do pulmão, um cancro agressivo chamado mesotelioma, e a asbestose, que é uma cicatriz nos pulmões.

3.4 CALOR, LUZ E LESÕES MECÂNICAS

A soldadura por arco envolve luz ultravioleta. Se a soldadura for efectuada perto de solventes que contenham hidrocarbonetos clorados, a luz ultravioleta pode reagir com os solventes e formar gás fosgénio, que é mortal mesmo em pequenas quantidades (Welding Hazards, AFSCME Fact Sheet). Não correr o risco de nunca fazer soldadura por arco perto de equipamento de desengorduramento ou de solventes.

Olhar para a luz ultravioleta sem a devida proteção ocular pode levar ao **"flash do soldador", que é uma lesão na córnea do olho (Ultraviolet Keratitis,** Reed Brozen, M.D.). É possível que já conheça este problema. Os sintomas incluem visão turva e uma sensação de ardor nos olhos. Embora a condição demore cerca de uma semana a sarar, corre o risco de sofrer danos permanentes nos olhos se estiver frequentemente exposto à luz ultravioleta durante longos períodos de tempo, pelo que é importante usar a sua proteção facial e óculos de proteção.

O ruído intenso e constante das máquinas é outro risco no local de trabalho. Pode provocar perda de audição e stress. A sua entidade patronal deve manter a sua exposição ao ruído .

CAPÍTULO 4
ANTECEDENTES E RESUMO

O problema mais grave do nosso ambiente mundial é a poluição, nomeadamente a poluição atmosférica. O ar pode ser poluído por vários aspectos. A maior parte do ar está poluído devido à dissipação da indústria e aos gases de escape dos automóveis. Neste conceito, introduzimos um novo método para filtrar os fumos de soldadura. Os fumos provenientes do ponto de soldadura são conhecidos como fumos de soldadura. São mais prejudiciais para a vida humana e para o ambiente. Atualmente, são utilizados vários processos de soldadura para produzir uma união permanente de peças num produto. Durante o processo de soldadura, a maior parte do óxido nitroso (NOx), do dióxido de carbono, do monóxido de carbono, do óxido de metal, do crómio, do magnésio, do alumínio, etc., é extraída do local de soldadura. Na maior parte das indústrias, apenas se extraem os fumos com base em algumas categorias.

O problema mais grave do nosso ambiente mundial é a poluição, nomeadamente a poluição atmosférica. O ar pode ser poluído por vários aspectos. A maior parte do ar é poluído devido à dissipação da indústria e aos gases de escape dos automóveis. Existem vários tipos de sistemas de extração de fumos instalados em muitas indústrias.

A primeira categoria é designada por aparelho de extração de pontas. Este método é tipicamente utilizado em aplicações como a extração integral de fumos de soldadura GMA extensivamente na sua fonte (5). Na indústria eletrónica, os trabalhadores estão expostos a fumos de soldadura que contêm colofónia e que causam graves problemas de asma (1), bem como cancro dos pulmões e asma profissional (2). Os sistemas de extração com braços mais pequenos são geralmente constituídos por um braço ligado a um aparelho de vácuo remoto. Nos sistemas de extração com braços mais pequenos, tem sido muito difícil atingir as taxas de volume desejadas e as pressões necessárias para uma alteração adequada sem criar sistemas excessivamente grandes e ruidosos nos primeiros tempos. Durante o processo de junção de metais, os trabalhadores são afectados por asma intrínseca, asma atópica extrínseca ou asma com aspergilose alérgica Bronco pulmonar foram tipados para os loci HLA A, B e C (3). Todos os doentes que são trabalhadores de indústrias afectadas pela asma do cedro vermelho demonstraram hiper-reatividade brônquica à metacolina na mesma medida que os doentes com asma não ocupacional (4).

A tocha de extração de fumos com LEV integrado na ferramenta do sistema de extração de fumos GMA é a solução mais bonita, mas a sua eficiência de captura é muitas vezes dececionante na prática de alguns defeitos de sobreaquecimento (6). Na indústria de detergentes, os trabalhadores não conseguem respirar livremente devido à perda momentânea de recuo elástico pulmonar, causando um aumento dos volumes pulmonares e da complacência pulmonar (7). Em algumas indústrias de fabrico de metais, o crómio tóxico nos fumos é filtrado utilizando um sistema de extração ultra-sónica (8).

Na indústria de trituração, é utilizado um filtro do tipo saco para reter as partículas finas dos fumos tóxicos (12). Uma desvantagem notável dos aparelhos de extração de fumos com vácuo remoto e dispositivos de alteração é o facto de não serem adequadamente ajustáveis em diferentes situações. Outra desvantagem dos aparelhos com vácuo remoto e dispositivos de alteração é o facto de tenderem a ser ineficientes. Os principais sistemas de recolha de poeiras e de limpeza de gases utilizados na indústria do ferro e do aço são descritos em duas partes. Uma parte trata da recolha de fumos de fornos de arco elétrico e a outra parte descreve uma série de filtros de tecido e produtos de limpeza mecânicos. O sistema leve de extração de fumos centra-se principalmente na soldadura de navios (9). O principal objetivo é criar um ambiente limpo e confortável para os soldadores. Deste modo, os trabalhadores trabalham rapidamente e terminam a sua tarefa de forma muito eficaz. O método de controlo dos fumos surge durante o processo industrial, dependendo da variedade e da quantidade de fumos de soldadura produzidos (10). O estudo da indústria de junção de metais diz que o manganês se contamina facilmente no sangue do género humano (11).

As toxinas podem ser controladas de três formas diferentes, incluindo o arejamento por diluição, a recolha de ar ambiente utilizando ar enfraquecido e um dispositivo de limpeza do ar. Captura na fonte utilizando um cartucho de precipitador eletrostático. Todos eles têm a função de extrair os fumos libertados durante o processo de soldadura. Alguns aparelhos possuem filtros para os fumos. Todos eles protegem sobretudo os trabalhadores, mas não impedem o ambiente dos efeitos dos fumos industriais. No nosso conceito, filtramos alguns fumos tóxicos utilizando um conjunto de três filtros diferentes que têm a tendência de absorver o conteúdo tóxico nocivo presente nos fumos.

CAPÍTULO 5
SELECÇÃO DE MATERIAIS

5.1 CRISTAL DE SILICONE

O cristal de silicone é uma forma granular, vítrea e porosa de dióxido de silício fabricado sinteticamente a partir de silicato de sódio. O cristal de silicone contém uma microestrutura de sílica nano-porosa, suspensa num líquido. A maior parte das aplicações do cristal de silicone requerem a sua secagem, caso em que é designado por xerogel de sílica. Para efeitos práticos, o cristal de silicone é frequentemente permutável com o xerogel de sílica. O xerogel de sílica é resistente e duro; é mais sólido do que os géis domésticos comuns, como a gelatina. É um mineral natural que é purificado e processado em forma de grânulos ou contas. Como dessecante, tem um tamanho médio de poro de 2,4 nanómetros e tem uma forte afinidade com as moléculas de água.

O cristal de silicone é mais comummente encontrado na vida quotidiana sob a forma de pérolas num pequeno pacote de papel (normalmente 2x3 cm). Nesta forma, é utilizado como dessecante para controlar a humidade local e evitar a deterioração ou degradação de alguns produtos. Uma vez que o cristal de silicone pode ter indicadores químicos adicionados e absorve muito bem a humidade, os pacotes de cristal de silicone têm normalmente avisos para o utilizador não comer o conteúdo.

A elevada área de superfície específica do cristal de silicone (cerca de 800 m /g) permite-lhe adsorver facilmente a água, tornando-o útil como dessecante (agente de secagem). O cristal de silicone é frequentemente descrito como "absorvendo" a humidade, o que pode ser apropriado quando a estrutura microscópica do gel é ignorada, como nas embalagens de cristal de silicone ou outros produtos. No entanto, o cristal de silicone material remove a humidade por adsorção na superfície dos seus numerosos poros e não por absorção na massa do gel.

5.2 CHAPA DE METAL

A chapa metálica é um metal formado por um processo industrial em peças finas e planas. É uma das formas fundamentais utilizadas na metalurgia e pode ser cortada e dobrada numa variedade de formas. Inúmeros objectos do quotidiano são construídos com chapa.

5.3 VENTOINHA DE ESCAPE

Um exaustor é um ventilador utilizado para controlar o ambiente interior, expelindo odores indesejados, partículas, fumo, humidade e outros contaminantes que possam estar presentes no ar. Os exaustores também podem ser integrados num sistema de aquecimento e refrigeração. Os locais comuns para os exaustores incluem casas de banho e cozinhas, e estes ventiladores são normalmente muito fáceis de instalar, pelo que podem ser metálicos. As espessuras podem variar significativamente; as espessuras extremamente finas são consideradas folhas ou lâminas e as peças com espessura superior a 6 mm

(0,25 pol.) são consideradas placas.

A chapa metálica está disponível em peças planas ou em tiras enroladas.

As bobinas são formadas através da passagem de uma folha contínua de metal

por um cortador de rolos.

A espessura da chapa metálica é normalmente especificada por um

método tradicional, não

medida linear conhecida como o seu calibre. Quanto maior for o número do
calibre, mais fino é o metal. As chapas de aço normalmente utilizadas variam entre 30
e cerca de 7 gauge. O calibre difere entre metais ferrosos (à base de ferro) e metais não
ferrosos, como o alumínio ou o cobre; a espessura do cobre, por exemplo, é medida em
onças (e representa a espessura de 1 onça de cobre enrolada numa área de 1 pé
quadrado).

Existem muitos metais diferentes que podem ser transformados em

chapas metálicas, como o alumínio, o latão, o cobre, o aço, o estanho, o níquel

e o titânio. Para usos decorativos, as chapas metálicas importantes incluem a

prata, o ouro e a platina (a chapa metálica de platina também é utilizada como

catalisador).

As chapas metálicas são utilizadas em carroçarias de automóveis, asas de aviões,

mesas médicas, telhados de edifícios (arquitetura) e muitas outras aplicações.

As chapas metálicas de ferro e outros materiais com elevada permeabilidade

magnética, também conhecidas como núcleos de aço laminado, têm aplicações

em transformadores e máquinas eléctricas.

Historicamente, uma utilização importante da chapa metálica era a armadura de

placas usada pela cavalaria, e a chapa metálica continua a ter muitas utilizações decorativas, incluindo em equipamento para cavalos. Os trabalhadores de chapa metálica são também conhecidos como "tin bashers" (ou "tin knockers"), um nome derivado do martelar das costuras dos painéis aquando da instalação de telhados de estanho, estando também situados em muitos outros locais. Para a instalação, as pessoas precisam de algumas ferramentas e devem estar à vontade para trabalhar com eletricidade para ligar o ventilador ao local.

5.4 MOTOR ELÉCTRICO

Um motor elétrico é uma máquina eléctrica que converte energia eléctrica em energia mecânica. O inverso disto seria a conversão de energia mecânica em energia eléctrica e é feita por um gerador elétrico.

No modo de motorização normal, a maioria dos motores eléctricos funciona através da interação entre o campo magnético de um motor elétrico e as correntes de enrolamento para gerar força dentro do motor. Em determinadas aplicações, como na indústria dos transportes com motores de tração, os motores eléctricos podem funcionar tanto em modo de motorização como em modo de geração ou travagem para produzir também energia eléctrica a partir de energia mecânica.

Encontrados em aplicações tão diversas como ventiladores industriais, sopradores e bombas, máquinas-ferramentas, electrodomésticos, ferramentas eléctricas e unidades de disco, os motores eléctricos podem ser alimentados por fontes de corrente contínua (CC), como baterias, veículos a motor ou rectificadores, ou por fontes de corrente alternada (CA), como a rede eléctrica, inversores ou geradores. Pequenos motores podem ser encontrados em relógios eléctricos. Os motores de uso geral, com dimensões e características altamente padronizadas, fornecem energia mecânica conveniente para uso industrial. Os maiores motores eléctricos são utilizados para propulsão de navios, compressão de condutas e aplicações de armazenamento por bombagem, com potências que atingem os 100 megawatts. Os motores eléctricos podem ser classificados por tipo de fonte de energia eléctrica, construção interna, aplicação, tipo de saída de movimento, etc.

Os motores eléctricos são utilizados para produzir força linear ou rotativa (binário), e devem ser distinguidos de dispositivos como solenóides magnéticos e altifalantes que convertem eletricidade em movimento mas não geram potências mecânicas utilizáveis, que são respetivamente designados por actuadores e transdutores.

5.5 PAPEL DE FILTRO KOH

O hidróxido de potássio é um composto inorgânico com a fórmula KOH e é vulgarmente designado por potassa cáustica.

Juntamente com o hidróxido de sódio (NaOH), este sólido incolor é um protótipo de base forte. Tem muitas aplicações industriais e de nicho; a maioria das aplicações explora a sua reatividade com os ácidos e a sua natureza corrosiva. Estima-se que em 2005 foram produzidas entre 700 000 e 800 000 toneladas. É produzido anualmente cerca de 100 vezes mais NaOH do que KOH.

O KOH é conhecido como o precursor da maioria dos sabões líquidos e macios, bem como de numerosos produtos químicos que contêm potássio

O hidróxido de potássio pode ser encontrado na forma pura através da reação do hidróxido de sódio com potássio impuro. O hidróxido de potássio é normalmente vendido em pastilhas translúcidas, que se tornam pegajosas ao ar porque o KOH é higroscópico. Consequentemente, o KOH contém normalmente quantidades variáveis de água (bem como carbonatos, ver abaixo). A sua dissolução em água é fortemente exotérmica. As soluções aquosas concentradas são por vezes designadas por lixívias de potássio. Mesmo a altas temperaturas, o KOH sólido não se desidrata facilmente.

As soluções de hidróxido de potássio com concentrações de aproximadamente 0,5 a 2,0% são irritantes quando entram em contacto com a pele, enquanto as concentrações superiores a 2% são corrosivas.

5.6 HASTE DE CARBONO (haste de grafite)

A grafite, arcaicamente referida como Plumbago, é uma forma cristalina de carbono, um semimetal, um mineral de elemento nativo e um dos alótropos do carbono. A grafite é a forma mais estável de carbono em condições normais. Por conseguinte, é utilizada em termoquímica como o estado padrão de formação de compostos de carbono. A grafite pode ser considerada o carvão de grau mais elevado, logo acima da antracite e alternativamente designada por meta-antracite, embora não seja normalmente utilizada como combustível por ser difícil de inflamar.

A grafite tem uma estrutura planar em camadas. Em cada camada, os átomos de carbono estão dispostos numa estrutura em favo de mel com uma separação de 0,142 nm, e a distância entre planos é de 0,335 nm. Os átomos no plano estão ligados covalentemente, com apenas três dos quatro locais potenciais de ligação satisfeitos. O quarto eletrão é livre de migrar no plano, tornando a grafite condutora de eletricidade. No entanto, não conduz numa direção perpendicular ao plano. A ligação entre camadas é feita através de ligações fracas de van der Waals, o que permite que as camadas de grafite sejam facilmente separadas ou deslizem umas sobre as outras.

CAPÍTULO 6
METODOLOGIA

Um aparelho de extração e filtragem de fumos tem o aspeto de um bloco quadrado. Um motor e um ventilador são fixados na parte inferior traseira do bloco. A ventoinha é utilizada para extrair os fumos e aspirá-los para o aparelho. Um tubo flexível com uma abertura de entrada cónica (conduta) numa extremidade. A outra extremidade do tubo é fixada ao aparelho. Entre a entrada e a saída do aparelho é colocado um filtro, que pode ser substituído por uma abertura semelhante a uma porta.

6.1 ESQUEMA DO APARELHO DE EXTRACÇÃO DE FUMOS E DE FILTRAGEM

Figura A vista tridimensional isométrica.

Figura. 2 Vista frontal.

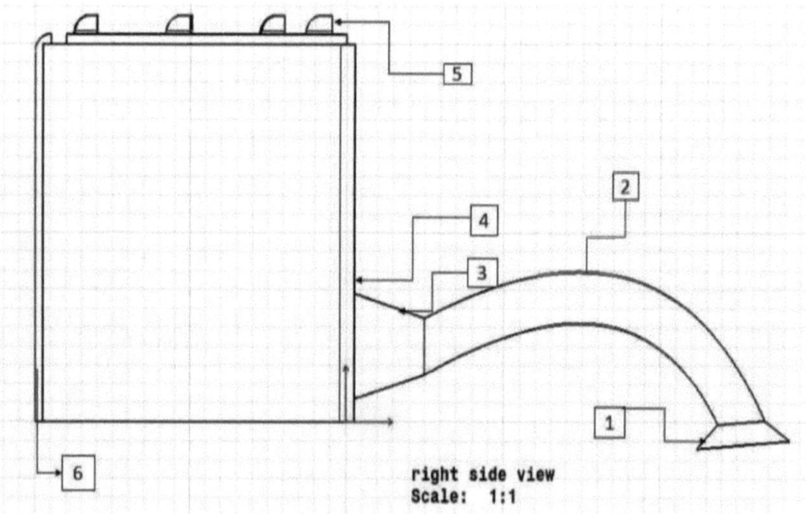

Figura. 3 Vista bidimensional do lado direito.

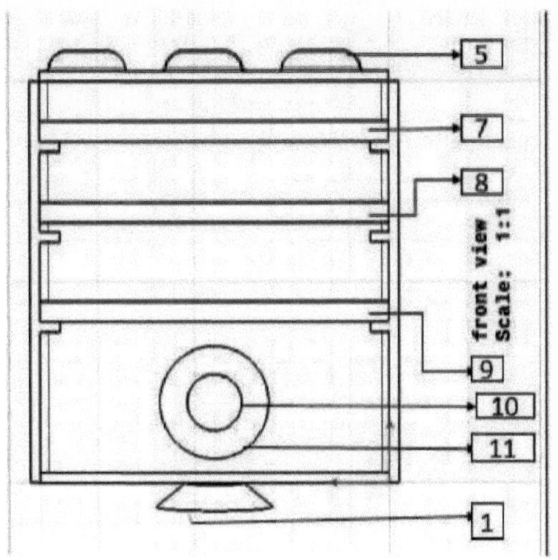

Figura. 4 Vista frontal bidimensional.

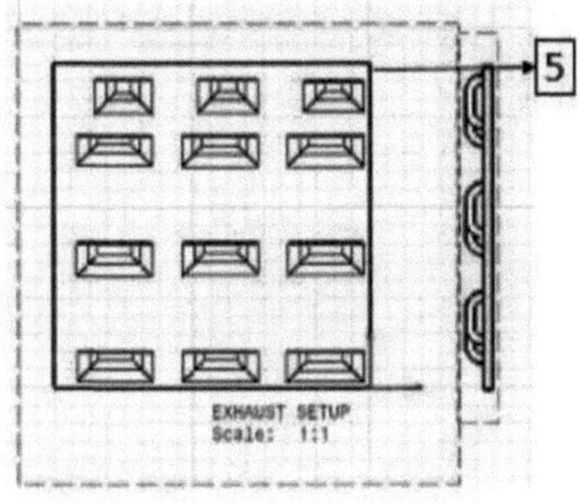

Figura. 5 A via de escape para a saída.

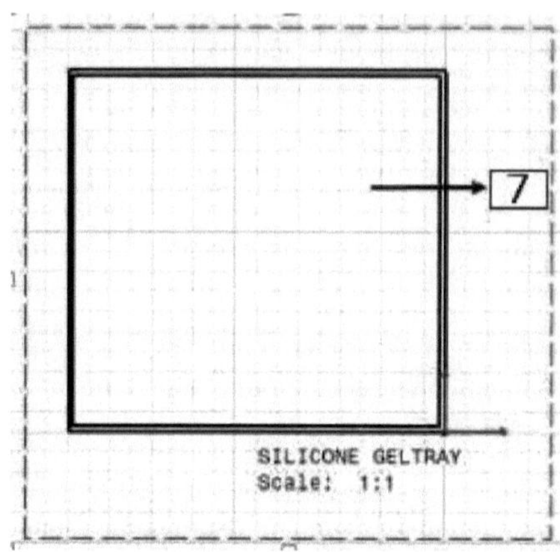

Figura. 6 Um dos filtros (tabuleiro de gel de silicone).

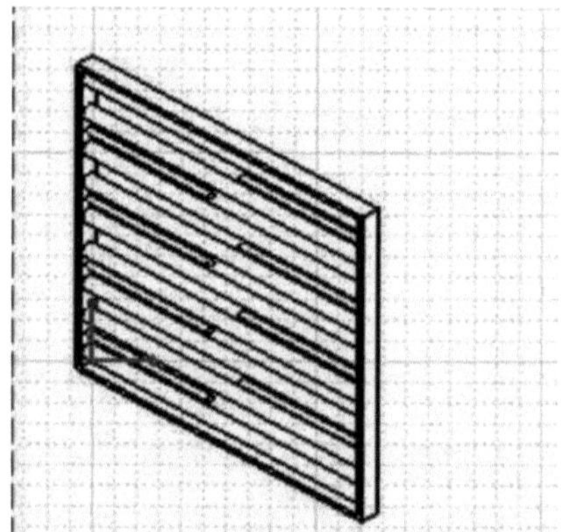

Figura. 7 Outro filtro (vareta de grafite).

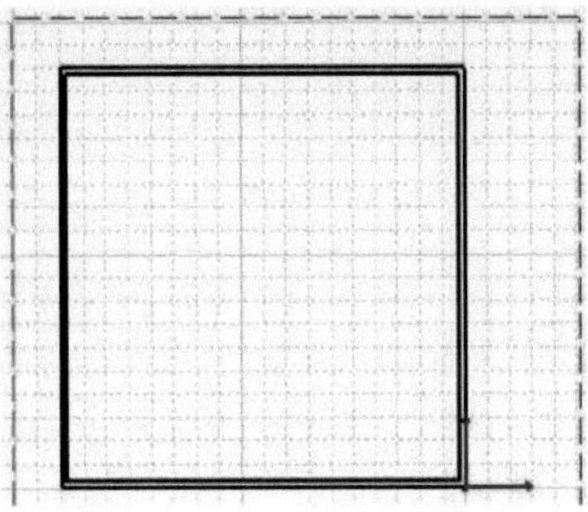

Figura.8 O tabuleiro de filtragem (papel de filtro KOH).

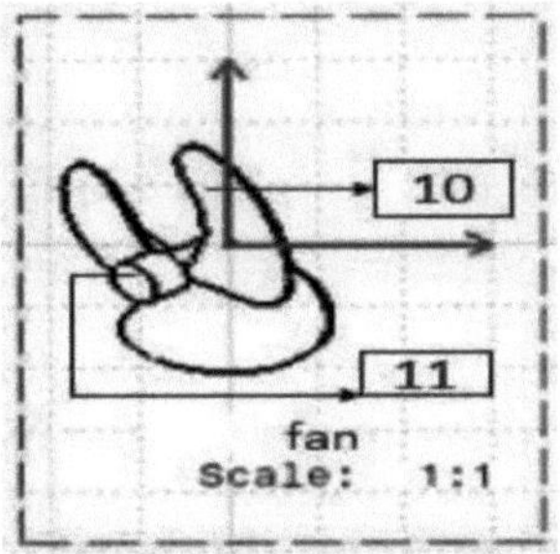

Figura.
9Acumulação de ventoinhas e motores

.

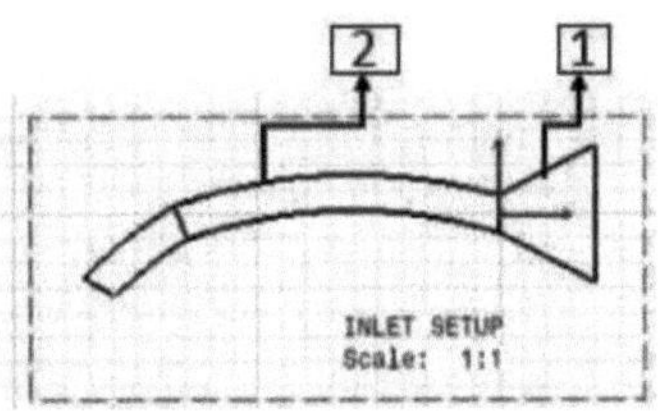

Figura. 10 conduta de entrada.

6.2 PEÇAS:

1. Ventilação da conduta de entrada

2. Tubo de entrada

3. Tampa da ventoinha de entrada

4. Regulador do ventilador

5. Saída do aparelho

6. Porta da frente

7. Primeiro dispositivo de filtragem

8. Segundo dispositivo de filtragem

9. Terceiro dispositivo de filtragem

10. Motor Dc

11. Fã

6.3 DESCRIÇÃO PORMENORIZADA

Neste conceito, os gases de escape que surgem durante a soldadura são extraídos e filtrados. A chapa metálica actua como um corpo. É colocada uma ventoinha na parte superior central do corpo para a extração do ar filtrado. Outro ventilador é colocado na face inferior para a aspiração dos fumos de soldadura. Um motor elétrico é utilizado para fazer funcionar o exaustor. Existem três tabuleiros para colocar o cristal de silicone, a vareta de carvão ativado e o papel de filtro KOH.

Os fumos de soldadura são aspirados pelo exaustor colocado na face inferior da instalação. Entre a sucção e o exaustor são colocados todos os materiais. Os fumos passam primeiro pelo gel de silicone, que é essencialmente de cor azul. Após a absorção dos fumos de exaustão, passa a ser cor-de-rosa. Não é necessária qualquer substituição. Pode ser renovado por aquecimento a 20° C.

A segunda camada é a barra de carvão ativado. Esta absorve ainda mais o teor de carbono dos fumos. A absorção de impurezas pode ser identificada pelo aumento de peso da vareta de carvão ativado. A vareta de carvão ativado é geralmente positiva e negativa. As varetas são colocadas horizontalmente de forma alternada. A vareta de carbono pode ser facilmente limpa para ser reutilizada.

O papel de filtro KOH actua como um absorvente final. Absorverá a maior parte dos conteúdos diminutos presentes nos fumos. A absorção de impurezas pode ser identificada pela mudança de cor de branco brilhante para branco escuro.

O ventilador situado na face superior extrai os fumos filtrados a uma velocidade elevada para a atmosfera. Os reguladores são utilizados para controlar a velocidade de ambos os ventiladores.

CAPÍTULO 7

RESULTADOS E DISCUSSÃO

7.1 RESULTADO

7.1.1 Cristal de silicone - Antes da soldadura   Peso=1kg

Aspeto da cor = Azul

Tabela-1: Análise do cristal de silicone após a soldadura

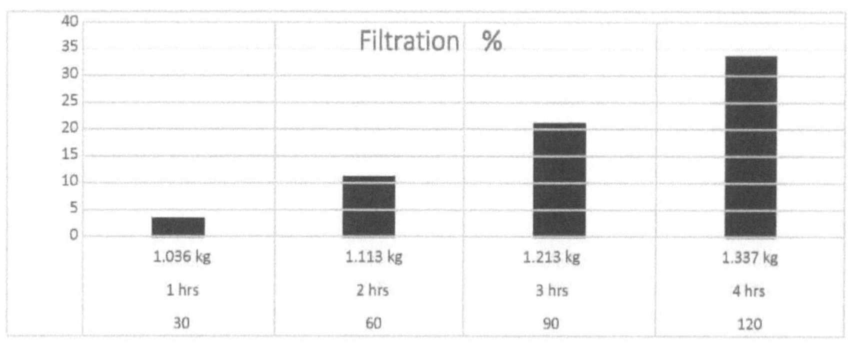

S.no	No.of Welding Electrode	Time	Weight of Silicone Crystal After Welding	Appearance of Colour After Welding
1	30	1 hrs	1.036 kg	Partially pink with blue
2	60	2 hrs	1.113 kg	Pink
3	90	3 hrs	1.213 kg	Pink
4	120	4 hrs	1.337 kg	Partially pink with white

Figura.11Eficiência de absorção do cristal de silicone

7.1.2 Vareta de grafite positiva revestida de cobre - Antes da soldadura

Peso da barra positiva = 45,29 gramas

Peso da barra negativa = 16,15 gramas

Aspeto da cor = castanho-avermelhado

Tabela-2: Análise da vareta de grafite positiva revestida a cobre após a soldadura

S.no	No.of Welding Electrode	Time	Weight of Positive Graphite Rod After Welding	Appearance of Colour After Welding
1	30	1 hrs	45.63 g	Reddish brown
2	60	2 hrs	45.91 g	Reddish brown
3	90	3 hrs	46.13 g	Dim Reddish brown
4	120	4 hrs	46.31 g	Dim Reddish brown

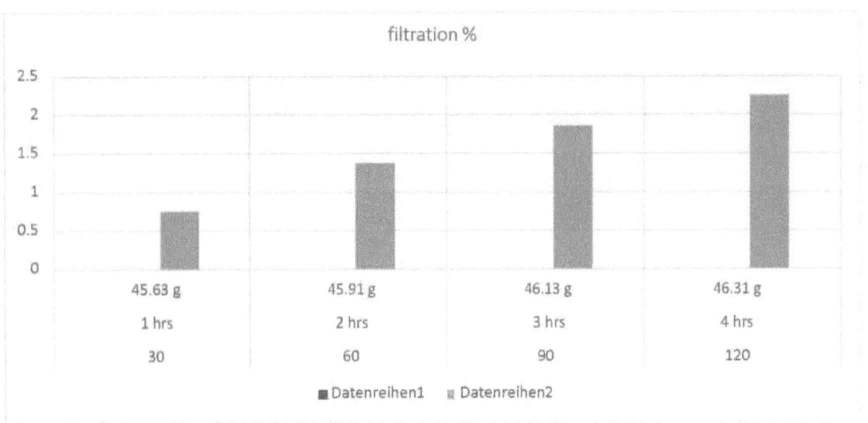

Figura.12Eficiência de absorção da vareta de grafite positiva

7.1.3 Vareta de grafite negativa revestida a cobre - antes da soldadura

Peso da barra negativa = 16,15 gramas

Aspeto da cor   = castanho avermelhado

Tabela-3: Análise da vareta de grafite negativa revestida a cobre após a soldadura

S.no	No.of Welding Electrode	Time	Weight of Negative Graphite Rod After Welding	Appearance of Colour After Welding
1	30	1 hrs	16.67 g	Reddish brown
2	60	2 hrs	17.21 g	Reddish brown
3	90	3 hrs	17.73 g	Lite dim Reddish brown
4	120	4 hrs	18.29 g	Dim Reddish brown

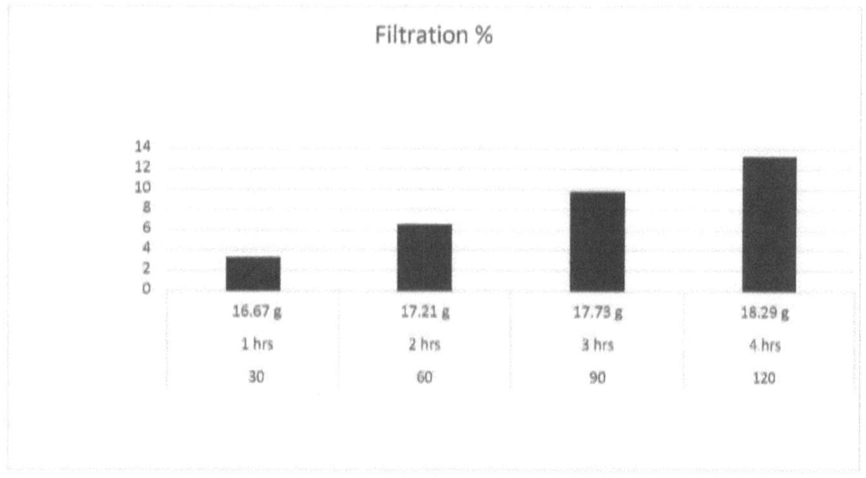

Figura.13 Eficiência de absorção da barra de grafite negativa

7.1.4 Papel de filtro KOH - Antes da soldadura

Peso=2   ,78g

Aspeto da cor = branco

Tabela-4: Análise do papel de filtro KOH após a soldadura

S.no	No.of Welding Electrode	Time	Weight of KOH Filter Paper
1	30	1 hrs	2.81 g
2	60	2 hrs	2.84 g
3	90	3 hrs	2.87 g
4	120	4 hrs	2.91 g

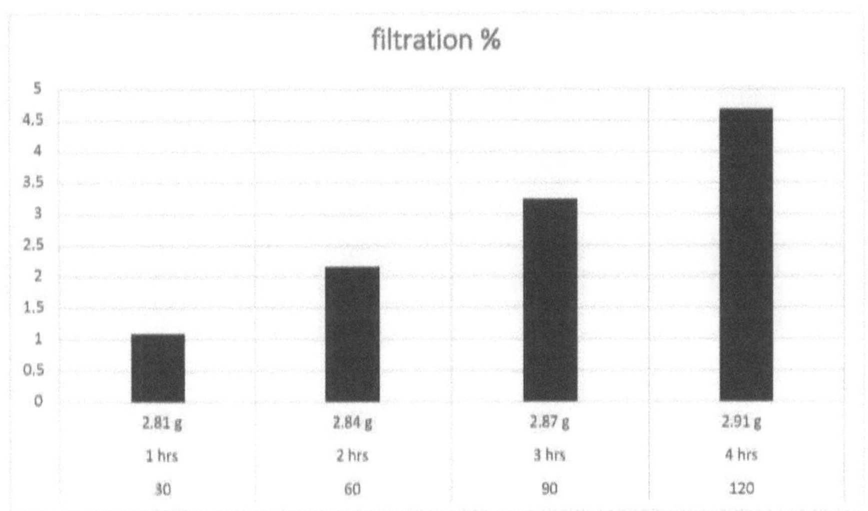

Figura.14 Eficiência de absorção do papel de filtroKOH

7.2 DISCUSSÃO

Antes do processo de filtragem, o peso do carvão ativado é menor quando comparado com o peso da vareta de grafite após o processo de filtragem. Antes do processo de filtração, o peso do papel de filtro de alumínio é menor quando comparado com o peso do papel de filtro de alumínio após o processo de filtração. Mas o gel de silicone torna-se cor-de-rosa após o processo de filtração. Na nossa presente invenção, o cristal de silicone é utilizado como primeiro filtro. Os fumos que entram na caixa passam primeiro pelo cristal de silicone. Desta forma, os efeitos nocivos dos fumos tóxicos são absorvidos pelo cristal. Antes da soldadura, o peso do cristal de silicone é de 1 kg, mas após a conclusão de 1 hora de processo de soldadura utilizando 30 eléctrodos, o peso do cristal de silicone aumenta para 1,036 kg. Conclui-se, portanto, que cerca de 0,337 kg de conteúdo tóxico presente nos fumos de soldadura ao fim de 4 horas são retidos pelo gel de silicone em cerca de 33,7%, como se mostra na fig.11. O cristal de silicone tem a cor azul antes do processo de soldadura. Após o processo de soldadura, o gel de silicone torna-se cor-de-rosa.

A vareta de grafite positiva tem um peso de cerca de 46,29 kg antes do processo de soldadura. Após o processo de soldadura durante 1 hora por 30 eléctrodos, o peso da vareta de grafite positiva aumenta até 46,31 g e também a sua cor fica esbatida em comparação com a vareta de grafite que tem a aparência antes do processo de soldadura. Neste processo contínuo, o peso da vareta de grafite positiva vai

O peso da vareta de grafite negativa está a aumentar até 46,31g no final do tempo de 4 horas de soldadura e das 120 peças de varetas de soldadura utilizadas. Assim, a vareta de carbono positiva retém as partículas de cerca de 2,4%, como mostra a fig.12. A vareta de grafite negativa tem um peso de cerca de 16,15 kg antes do processo de soldadura. Após o processo de soldadura durante 1 hora por 30 eléctrodos, o peso da vareta de grafite negativa aumenta até 16,67 g e a sua cor torna-se escura em comparação com a vareta de grafite que tem o aspeto anterior ao processo de soldadura. . Neste processo contínuo, o peso da vareta de grafite positiva continua a aumentar até 18,29 g no final do tempo de 4 horas de soldadura e das 120 varetas de soldadura utilizadas. Assim, a vareta de carbono negativo retém as partículas em cerca de 14,3%, como mostra a fig.13. A terceira e última camada de filtro do aparelho é o papel de filtro KOH. O papel de filtro normal tem um tamanho de 0,2 ppm. O KOH tem uma normalidade de 0,5. O papel de filtro é mergulhado no KOH. Depois, o papel de filtro mergulhado fica seco. Finalmente, obtém-se um papel de filtro com KOH.

Antes do processo de soldadura, o papel de filtro tem o peso de 2,78 g e também aparece na cor branca. Mas a cor do papel de filtro muda para castanho claro após o processo de soldadura durante 1 hora por 30 eléctrodos de soldadura. O peso do papel aumenta de 2,78 g para 2,81 g. Assim, o papel de filtro KOH retém o tamanho muito pequeno do conteúdo tóxico presente nos fumos de soldadura.

. Neste processo contínuo, o peso da vareta de grafite positiva continua a aumentar até 2,91 g no final do tempo de 4 horas de soldadura e das 120 peças de varetas de soldadura utilizadas. Assim, o papel de filtro KOH retém as partículas de cerca de 4,7%, como mostra a fig.14. E o aspeto do filtro é castanho.

Assim, introduzimos um novo modelo em forma de bloco quadrado. Analisámos vários componentes dos filtros. Após essa análise, apresentámos o conjunto de filtros como cristal de silicone, vareta de grafite revestida de cobre, papel de filtro KOH. Analisamos a afinidade e a eficácia dos filtros que são utilizados no nosso aparelho de extração de fumos de soldadura e de filtragem com base no peso do componente do filtro antes e depois do processo de soldadura. Graças a esta análise, prevemos que a quantidade de fumos que são retidos pelos filtros e também conseguimos saber a quantidade de fumos que saem do processo de soldadura.

7.3 PROCESSO DE RECICLAGEM

7.3.1 Cristal de silicone

Após um determinado período de tempo, o cristal de silicone tem de ser reciclado. A reciclagem do cristal de silicone é efectuada através do seu aquecimento a uma temperatura de cerca de 120°C. Durante o processo de reciclagem, a cor original do cristal de silicone mantém-se, ou seja, a cor muda de cor-de-rosa para azul. A mudança de cor de azul para cor-de-rosa deve-se à **absorção de impurezas. Não é necessária uma reciclagem muito adequada.**

7.3.2 Vareta de grafite revestida a cobre

A reciclagem da vareta de grafite é simples. O processo de reciclagem é efectuado simplesmente através da limpeza da vareta de grafite. A principal vantagem da vareta de grafite é o facto de **não necessitar de uma limpeza adequada.**

7.4 VANTAGENS

- Barato e o melhor.

- As varas de grafite podem ser utilizadas durante um longo período.

- Fácil de substituir.

7.5 APLICAÇÕES

- Pode ser utilizado para trabalhos de soldadura em laboratório.

- Pode ser utilizado em indústrias de soldadura de pequena escala.

CAPÍTULO 8

ESTIMATIVA DE CUSTOS

Quadro 5: Custo dos materiais

Material	Cost in Rs.
Sheet metal	1500
Silicone crystal	500
Exhaust fan	1000
Graphite rod	1500
KOH filter paper	200

8.1 CUSTO DA MÃO-DE-OBRA:

Perfuração, reversão, dobragem = Rs. 1000

8.2 ENCARGOS DE FABRICO:

Custo de fabrico t = Custo dos materiais + Custo da mão de obra

$$=1500+1000$$

$$= Rs. 2500$$

8.3 CUSTO TOTAL:

Custo total=   Custo do material + Custo da mão de obra + Outros encargos

1500+   1000+   3200

Custo total=   Rs. 5700

CAPÍTULO 9

FOTOGRAFIA

Figura.15 Aparelho de extração e filtragem de fumos

Figura.16 Vareta de grafite

Figura.17 Cristal de silicone

Figura. 18 Papel de filtro KOH

CAPÍTULO 10
CONCLUSÃO

Assim, os fumos tóxicos produzidos durante o fabrico de produtos químicos, o fabrico de metais, a produção de metais primários, o processamento de petróleo, a soldadura e o processo de soldadura são prejudiciais para o ambiente e para a vida humana. Mas na nossa invenção atual, não existem normas. É flexível e ajustável ao local onde é utilizado. Tem muitas aplicações. Muito provavelmente é utilizado para extrair e filtrar os fumos de soldadura para produzir o melhor, fornecendo barato. Também tem as características de reduzir o conteúdo tóxico presente nos fumos de soldadura através dos filtros utilizados para salvaguardar a vida humana, bem como o ambiente

. Por fim, concluímos que, durante 4 horas de experimentação, o cristal de silicone absorve cerca de 33,7%, o filtro de KOH absorve 4,7%, a vareta de grafite positiva absorve 2,4% e a vareta de grafite negativa absorve 14,3% das partículas e gases dos fumos que, em conjunto, retêm cerca de 54,9% dos fumos. Por fim, concluímos que, graças à nossa presente invenção, os soldadores estão protegidos contra a pneumonia, a febre dos fumos metálicos, a asma profissional, a irritação da garganta, a redução temporária da função pulmonar, a irritação dos olhos e a ulceração da pele, que são todas causadas pelos fumos tóxicos que saem durante o processo de soldadura.

CAPÍTULO 11
REFERÊNCIA

1. Burge PS, Harries MG, O'Brien IM, Pepys J. Doença respiratória em trabalhadores expostos a fumos de fluxo de solda contendo colofónia (resina de pinheiro) Clin Allergy. 8:1-14(1978).

2. Burge PS, Perks W, O'Brien IM, Hawkins R, Green M. Occupationa asthma in an electronics factory. Thorax. 34:13-18(1979).

3. Brostoff J, Mowbray JF, Kapoor A, Hollowell SJ, Rudolf M, Saunders KB. 80% dos doentes com asma intrínseca são homozigóticos para HLA-BW6. Lancet. 2:872- 3(1976).

4. Chan-Yeung M. Fate of occupational asthma: a follow-up study of patients with occuptional asthma due to Western Red Cedar (Thuja plicata). Am Rev Respir Dis.116: 1023-9(1977).

5. Cornu, J.C., Muller, J.P., e Guelin, J.C., "A method for measuring the capture efficiency of fume-extracting welding guns", Welding in the World/Soudage dans leMonde, Vol. 31:pp. 49-53(1993).

6. Kollman, K.G., "Solving the problem of GMAW fume extraction", Welding Journal, 1973,pp. 504-508(1973).

7. Musk AW, Gandevia B. Loss of pulmonary elastic recoil in workers formerly exposed to proteolytic enzyme (alcalase) in the detergent industry. Br J Ind Med. 33: 15865(1976) .

8. Wang J, Ashley K, Kennedy ER, Neumeister C. Determinação de crómio

hexavalente em amostras de higiene industrial utilizando extração ultra-sónica e análise por injeção em fluxo. Analyst. 122: 1307-1312(1997).

9. Wildenthaler, L. e Cary, H.B., "A progress report on fume extracting system for gas

unidade de soldadura por arco metálico", Welding Journal, setembro. pp. 623-635(1971).

10. Wiehe, A.E., Cary, H., e Wildenthaler, L., "Application of a smoke extracting systemfor continuous electrode welding", Welding Journal, pp. 349-361(1974).

11. Wangenen, H.D.V., "Assessment of selected control techniques for welding fumes", relatório NIOSH nº 79-125, janeiro (1979).

12. Youngjin seo, "characterization of industrial filtration system for fine particles", ARPN jornal of engineering and applied sciences, ppl0605- 10610(2015).

ÍNDICE DE CONTEÚDOS

yes
I want morebooks!

Buy your books fast and straightforward online - at one of world's fastest growing online book stores! Environmentally sound due to Print-on-Demand technologies.

Buy your books online at
www.morebooks.shop

Compre os seus livros mais rápido e diretamente na internet, em uma das livrarias on-line com o maior crescimento no mundo! Produção que protege o meio ambiente através das tecnologias de impressão sob demanda.

Compre os seus livros on-line em
www.morebooks.shop

info@omniscriptum.com
www.omniscriptum.com